き火と法律

農家の焚火が起こした騒動

浅海 文雄
山田 高広

目次

はじめに

「みどりはいいねえ」

「みどりがたくさんあると、ほっとするねえ」

と、誰もが言う。森林は気候を安定させ、酸素を供給する。人は緑を求めて行楽地へ行く。

緑は大事だと、国を挙げて環境保護に力を入れている。あちらにもこちらにも、森林関連のＰＲポスターがある。

地球規模での森林の大切さは言わずもがなであるが、特に光合成によって二酸化炭素を吸収し、酸素を放出していることは、小学生も知っている。

大都会東京のベッドタウンである市川市が農業都市でもあることは、とても意義のあることだ。

しかしその恩恵を受けつつ、人は言う。


「落ち葉が邪魔、ゴミばかり」

「土ぼこりがひどくて困る」

「草がぼうぼうしていて、虫がいていやだ」

「カラスがうるさい」……

数々の苦情に耐え、無理難題に対応し、そして国土を守り続ける。

第一章　無罪の主張

通報された日

「その日は朝に小雨が降っていたし、近所を見渡して洗濯物を外に干す人がいなかったよ。風も強くなかったしね。だから燃やしたんだよ」

浅海は平成二十九年十一月十四日午前九時五分頃から、自宅の農地で、梨の支柱として使っていた竹と柿の木の枝を燃やした。

「燃やす時は、しっかりと燃やすためガスバーナーを使うんだ。こうやって何年もやってきたよ。

あるとき、パトカーが家の前に停まって、中からは二人の警察官がでてきた。要件を聞くと通報があったんだってさ」

と浅海は静かに言った。

警察官は浅海に、

「運が悪かったね」

と開口一番に言った。

「交通違反と同じで、捕まったのは運が悪いよ。だからあきらめてね」

と浅海に言いながら、警察官は調書にサインすることを促した。しかし、浅海は納得できなかった。サインすることを拒否した。

風が弱いことも、洗濯物を外に干すことはまずないことも確認したと伝えたのだが、警察官は聞く耳をもたない。運が悪かったから仕方がないと言い続けた。

必死に状況を説明する浅海だったが、

「他にも燃やしている人もいるけど、通報されちゃったらおしまいだよ」

と警察官は言った。

納得できない浅海は調書にサインせずに抵抗を続けると、一人の警察官が肩にあった無線機に手をのばして応援を呼んだ。

しばらく待つと、パトカー三台が停まり、中からぞろぞろと警察官が出てきて浅海をとり囲んだ。

その中にいた刑事は、浅海に詰め寄り、

「お前は犯罪者なんだから調書を書け、罰金は一千万円になるぞ」

と言った。

警察官に囲まれ詰め寄られた浅海は、抵抗するすべもなく、しぶしぶ調書にサインをした。


後日、事情聴取のために何度も警察署へ呼ばれた。

事情聴取では、農家にとって燃やすことの大切さをあらためて訴えたのだが、全く聞く耳を持たない。

ここでも、何時間も燃やしているわけではなく、洗濯物が出ないような天候を選んだことや、毎年この時期だけだということを熱弁したがダメだった。

浅海は、煙が出れば条例違反なことも、住民に通報されれば警察官が出動することも分かっていたが、仕事として必要だから燃やしたのだ。運が悪かったただけで片付けられてはたまらなかった。

事情聴取で責めたてられながらも、必死に訴えた。

「野焼きには例外があり、認められているものがいくつもある。なぜ私たち農家には個別で例外を認めてくれないのか。野焼きは全てダメだというのか、細かくルールを決めてほしい」

たしかに、野焼きの法律では、例外として、稲わらなら燃やしてもよいことになっているし、キャンプ場でのたき火は許可されている。しかしそれ以外は認められていない。

果樹農家にとって、野焼きをすることは日常農作業の一部である。しかしそれは、法律で例外だと定められていない。だから罰せられる。

野焼きをすることで洗濯物に煙の臭いが付くことや、ダイオキシンなどの有害物質が空気中に舞ってしまうことは、浅海も知っている。

しかし、野焼きという農業必須の一部分を全て禁止にされてしまっては、農業そのものがなりたたなくなってしまう。

浅海は、今回捕まったことをきっかけに、徹底的に戦うことを決めた。農業について考えていることを、農業を営む上で理不尽なことを、公に聞いてもらう機会だと考えた。

平成３０年検第　100725号

起　　訴　　状

平成３０年９月27日

市川簡易裁判所　殿

市川区検察庁

検察官副検事

下記被告事件につき公訴を提起し，略式命令を請求する。

記

本　籍　千葉県市川市大野町４丁目２８４３番地

住　居　同　上

職　業　農　業

浅　海　文　雄
昭和９年３月３１日生

公　訴　事　実

被告人は，法定の除外事由がないのに，平成２９年１１月１４日午前９時５分頃から同日午前９時３５分頃までの間，千葉県市川市大野町４丁目２８４３番地被告人方敷地内において，廃棄物である竹等約０．８６立方メートルを焼却したものである。

罪名及び罰条

廃棄物の処理及び清掃に関する法律違反

同法２５条１項１５号，１６条の２

梨の剪定枝の焼却（野焼き）について

平成 12 年に改正された「廃棄物の処理及び清掃に関する法律」では、
（焼却禁止）
第十六条の二　何人も、つぎに掲げる方法による場合を除き、廃棄物を焼却してはならない。
三　公益上若しくは社会の慣習上やむを得ない廃棄物の焼却又は周辺地域の生活環境に与える影響が軽微である廃棄物の焼却として政令で定めるもの
と規定されており、焼却（野焼き）禁止の例外については、「廃棄物の処理及び清掃に関する法律施行令」では、
（焼却禁止の例外となる廃棄物の焼却）
第十四条　法第十六条の二第三号の政令で定める廃棄物の焼却は、次のとおりとする。
四　農業、林業又は漁業を営むためにやむを得ないものとして行われる廃棄物の焼却
と規定されています。

梨の選定枝の焼却（野焼き）が「農業を営むためにやむを得ないもの」であるかについては、法解釈では、「代替手段があるもの」は「やむを得ないもの」には該当しないとされており、梨の剪定枝の処分については、
・事業系のごみとして搬出処分
・粉砕機でのチップ化、等
代替手段があることから焼却（野焼き）は違法行為となります。

担当である循環社会推進課でも、焼却（野焼き）を確認したり市民等から苦情が寄せられた場合、行為者に対しては、直ちに焼却を停止するように行政指導することとしています。

また、「廃棄物の処理及び清掃に関する法律」では、
（罰則）
第二十五条　次の各号のいずれかに該当する者は、五年以下の懲役若しくは千万円以下の罰金に処し、又はこれを併科する。
十五　第十六条の二の規定に違反して、廃棄物を焼却した者
と規定されています。

平成 12 年の法改正以前は、焼却（野焼き）は警察がすぐに検挙できる犯罪ではなく、警察が立件するためには行政が行為者に対し措置命令をかけ、その命令に従わないという条件が必要でした。（間接罰）
改正後は、焼却（野焼き）行為が現認されれば、その場で取り締まることが可能な犯罪、いわゆる「直罰」規定が導入されています。
以上、結論としましては梨の剪定枝を

何度も焼却（野焼き）を行なった場合、警察に検挙されることとなります。

公訴事実

野焼きとは、農作物の茎や草などを野外で燃やすことで、肥料としての利用や土壌改良を目的として行われることが一般的だ。

例えば、稲のわらを野焼きすることで、わら中の栄養素を土壌に還元し、土壌の肥沃化を図ることができる。

また、野焼きを行うことで、土壌表面の枯れ草を取り除くことができ、火を使って病気や害虫を退治することもできる。

しかし、野焼きによって発生する煙や粉塵が、大気汚染の原因となり、周辺地域の住民の健康に悪影響を与えることがあるため、例外を除いて法律で禁止されている。

野焼きは、廃棄物の処理及び清掃に関する法律（廃掃法）の違反だ。

廃棄法16条の2では、

「何人も、次に掲げる方法による場合を除き、廃棄物を焼却してはならない」と定められている。次に掲げる方法とは三つある。

1号：一般廃棄物処理基準、特別管理一般廃棄物処理基準、産業廃棄物処理

基準又は特別管理産業廃棄物処理基準に従って行う廃棄物の焼却
2号：他の法令又はこれに基づく処分により行う廃棄物の焼却
3号：公益上若しくは社会の慣習上やむを得ない廃棄物の焼却又は周辺地域の生活環境に与える影響が軽微である廃棄物の焼却として政令で定めるもの

廃棄物処理法16条の2は、もともと間接罰の規定であり、すぐに警察が犯罪者を検挙できるものではなかった。そのため、警察が立件するためには、行政が廃棄物を不適切に処理した場合に処置命令を出す必要があった。

しかし、平成十二年の法改正により、直接罰に変更され、現場で廃棄物を不適切に処理したことが確認されれば、すぐに取り締まることができるようになった。

浅海のもとへ届いた裁判所からの起訴状に「公訴事実」が書いてある。

「被告人は、法定の除外事由がないのに、平成２９年１１月１４日午前９時５分頃から同日午前９時３５分頃までの間、被告人方敷地内において、廃棄物である竹等約０．８６立方メートルを焼却したもの」

当たり前だったことが罰せられることになった。

焼却が、ダイオキシンの問題や、ぜんそくなどの持病がある人に悪影響を及ぼしていることは周知の事実だが、規模がちがう。

そして農業をするうえで、野焼きをすることはどうしても必要なことだ。

野焼きの代替案として政府が言っていることは、ごみ焼却場へ持参することだった。

例えば、千葉県市川市には「市川クリーンセンター」がある。ここでは、浅海が燃やした竹や柿の木の枝を処分してくれる。

しかし、竹を集めた場所から市川クリーンセンターまでは、行くだけでも約一時間はかかる。

行くだけではすまない、搬入出等の作業もある。一日仕事を休むことになる。ごみ焼却場に持っていけばいいという簡単な話ではない。

廃掃法が施行されても野焼きは減っていないという。そのため市役所員が農家をまわり、野焼き禁止を書いたチラシを配るなどをして呼びかけているらしい。これを見るだけでも現場と法律が嚙み合っていないことが分かる。

警察官が言った「通報されることが悪い、運が悪かった」という表現は、ある意味正しいのかもしれない。

浅海は高齢であるため、運転を控えているのだが、その問題以外でも、浅海がごみ処理場に持っていくのを躊躇する理由がある。

それは、市川クリーンセンターでは、ごみをトラックから焼却場へおろすときは一人で行わなければならない上に、長いものは2メートル以下に切らなければならないことだ。

日常的に出てくる廃棄物をクリーンセンターにもっていくことはあまりにも不条理だ。

そして廃棄する竹や柿の木の枝には病害虫がついていることも少なくない。それをその場で燃やすのではなく、ごみ焼却場へ持っていくことは、周辺に病害虫をばらまいてしまうことになる。農業者にとって恐ろしいことだ。

果樹農家にとって、病害虫は一番の敵だ。梨の病害虫で代表的なものに黒斑病、黒星病、赤星病等がある。

黒星病は葉の裏側や果実にすす状のカビが生えることが特徴だ。予防策は、落ち葉や剪定枝を処分することが最も効果が高いため、その場で焼いて病原菌を死滅させる必要がある。そのため、移動させて処分することは、農家にとってリスクが高い。

「この法律について文句を言いたかったわけではなくて、もう少し農家について考えてほしいだけなんだ。野焼きを禁止することは、必要不可欠な業務を強制的に禁止していることと同じことだ。もし禁止するのであれば、ごみ焼却場へ持っていくということではなく、もう少し農家によりそった方法をあみだしてほしい」
と浅海は言った。

公訴事実の反論

　公訴事実に、

「被告人敷地内において、廃棄物である竹等約0．86立方メートルを焼却したものである」

と書いてあるが、浅海が測ると事実は違った。
　0．86立方メートルとは穴の体積と同じだ。検察官は、焼却するために掘った穴が全て満たされていることを前提に計算していたが、穴いっぱいに竹や柿の木が敷き詰められていることはありえなかった。

実際の穴の形は楕円形で円錐。ユンボで掘っているため幅も奥行きも均等ではない。

その中に同じ長さの竹を何本も整えて置いていくのは不可能だし、穴を隙間がないほど竹で満たすことなどできなかった。

浅海は供述で、燃やしたものは伐採した竹が十本と柿の枝が五本と伝えていた。このことから実際の体積を出していきたい。

体積を出す計算式は「底面積（半径×半径×3．14）×高さ」

竹の一本の長さは約2メートルで、ほぼ等間隔で七つの節があり、断面の直径は平均で8センチ。内部に直径6センチの空洞がある。

竹全体の底面積は４×４×３．１４で計算され、空洞の底面積は３×３×３．１４で計算される。

全体の底面積から空洞の底面積を引くと、２１．９８立方センチだ。

これに節を除いた竹の体積を求めるために長さ2メートルをかけると、０．００４３９６立方メートルとなる。

節の体積を合わせても、一本の体積は０．００４５９４立方メートルだ。

十本合わせても０．０４５９４立方メートルにしかならない。

柿の枝の量はもっと少ない。

直径が1センチ、枝のすべてをつなげた長さを１００センチと想定すると、枝五本分の体積は392．5立方センチとなる。
竹と合わせると、約0．0463立方メートルになる。

これで公訴事実と実際の量に大きく違いがあることが分かるだろう。燃やした量は、公訴事実に記載された約0．86立方メートルの5％程度と少量になる。

廃棄法16条の2で、廃棄物を燃やすことを禁止している主旨は、燃やしたことで大気汚染物質が発生し、周辺環境に悪影響を及ぼすことを懸念してのものだ。

判決には、燃やしたものの体積を基準にした上で、周辺環境への影響を考慮する必要がある。

　通報された当日の風速は午前九時五分から九時三十五分にかけて、１．２から２．０ｍ／ｓと弱い風しか吹いていていない。

　燃やした場所は、東西に約９８．１ｍ、南北に約６５ｍの敷地内で、南東から北西にかけて竹林で覆われている。そのほぼ中心で燃やしたため、少しは灰が舞ったとしても、敷地の外に大量に飛んでいくのは考えにくかった。

無罪の主張

浅海は、今回の野焼きが廃棄物処理法16条の2の例外事由に該当するため、自身が無罪であると主張した。

廃掃法16条の2第3号では、「公益上若しくは社会の慣習上やむを得ない廃棄物の焼却又は周辺地域の生活環境に与える影響が軽微である廃棄物の焼却として政令で定めるもの」を除外理由にしている。

具体的には、廃棄物の処理及び清掃に関する法律施工令（廃掃法施工令）

の第14条4号に定められた例外事由の中で、たき火に該当すると主張した。

1号：国又は地方公共団体がその施設の管理を行うために必要な廃棄物の焼却

2号：震災、風水害、火災、凍霜害その他の災害の予防、応急対策又は復旧のために必要な廃棄物の焼却

3号：風俗慣習上又は宗教上の行事を行うために必要な廃棄物の焼却

4号：農業、林業又は漁業を営むためにやむを得ないものとして行われる廃棄物の焼却

5号：たき火その他日常生活を営む上で通常行われる廃棄物の焼却であって

軽微なもの

たき火とは、暖を取るために焚く火や庭先などで掃き集めた落ち葉などを焚くことを指し、浅海が行った野焼きは、自宅の庭で竹や柿の木の枝を伐採ないし剪定し、集めて燃やしたものだった。

燃やした竹と柿の木の枝の体積は、約０．０４６３立方メートルで、リットルに換算しても４６．３リットルにしかならず、灯油缶が１８リットルであることを考慮しても、たき火の範疇に収まる量だった。

また、浅海は計画的に継続して野焼きを行ったわけではなく、周囲の環境を考慮して燃やしていたことも述べている。

　以上の理由から、浅海は、今回の野焼きがたき火に該当すると主張し、自身が無罪であると主張した。

　次に注目するのは、廃棄物の処理及び清掃に関する法律施工令（廃棄物処理法施行令）の第１４条４号である、

「農業、林業又は漁業を営むためにやむを得ないものとして行われる廃棄物の焼却」

に該当することだ。

　環境省生活衛生局水道部環境整備課長通知（衛環７８号）には、この４号の具体例が明記されている。

具体的には、農業者が行う稲わら等の焼却、林業者が行う伐採した枝の焼却、漁業者が行う漁網に付着した海産物の焼却などが挙げられる。

果樹園での作業の中で伐採した木の枝や葉などは、かき集めて処分しなければならない。また、伐採した竹は、梨畑の棚を支える柱としても利用している。この竹がなければ棚を支えることができず、梨農家としての経営を維持することができなくなる。そのため、竹を燃やすという行為は、4号に記載されている農業や林業における伐採した枝の焼却と本質的に同じと考えられる。

繰り返すが、廃棄法16条の2が廃棄物を燃やすことを禁止している理由は、大気汚染物質の発生や近隣住民へ被害が及ぶからだ。しかし、周辺環境に悪影響を及ぼさないと考えられる場合は、刑事罰の対象にならないとも考えられる。

実際に燃やした竹や柿の木の枝は、公訴事実の約０．８６立方メートルよりもはるかに少ない、０．０４６３立方メートルでしかなかったのだ。

また、無許可業者による事業的な焼却行為とも明らかに異なる。場所は竹林に覆われ、風の影響も少ない場合はどうなのか。それでも通報されてしまっては全てが有罪になってしまうのか。

浅海は、燃やしたことで発生した汚染物質が、周辺環境に及ぼす可能性はきわめて低いと主張した。

第二章　農業で生きる

墨塗の教科書

私は、生まれたときから梨農家として人生を歩むように決められていた。ほかの仕事をすることは考えたこともない。物心ついたときには、父の手伝いをしていた。息子と孫は後を継いだ。農業は後継者不足と言われている中、私には跡継ぎがいる。ありがたいことだ。

昭和九年三月に生まれて今年（令和五年）で八十八歳になる。敗戦で教科書を黒く塗った。「黒塗り教科書」と呼ばれるものだ。

これは戦後に導入された教科書検定制度によって、政治的・思想的な問題を含んでいるとして、削除や修正が行われた部分を黒塗りで塗りつぶした教科書のことを指す。敗戦による価値観の転換として象徴される。黒塗りといっても、全てを黒く塗るわけではなく、おおむねは削除すべき部分を切り取り、貼り合わせる方法で削除されている。実際に黒く塗るのは、切り取ることができない部分にされていることが多かった。教科書の中では、戦争がイメージされる用語や物語は排除された。

戦前は外国語を使うことも禁止されていたが、終戦になると先生は「デモクラシー」と使いだした。昨日まで教えられていたことがガラッと変わってしまうのは、不信感しか残らない。

今まで信じてきた価値観が一八〇度変わってしまうのはむなしいものだ。

お上の言うことは信用できない。そのときに浅海は思った。

「そのころから、私は今の今まで政府は信用できないという価値観のままだ」

山は負の遺産・緑を守る活動

浅海は「市川みどり会」に所属している。
https://midori-kai.net/katudo/index.html

市川みどり会は、山林保有者が集まる団体で、未来のために緑を残し、大気を浄化することを目的に一九七二年に設立された。浅海は設立メンバーと同じ時期に加入し、理事を経験した後、現在は相談役として所属している。

市川みどり会の特徴は、昔からの地主が集まっていることや、市川市と緑地保全に関する協定を結んでいることだ。

「みどり会設立のころ、竹山は農地として認められていなかった。だから相続税や固定資産税などがとても高く、維持することが困難だった。そこで、みどり会は、農業委員会の担当者と共に京都まで視察に出かけ、農地として認められている事例をいろいろ勉強したんだ。農地法には竹山を農地と認める法律はあるのだが、農地なのか竹山なのか判断基準となるものが無かったため、税務署が認めなかった。でも、視察をした上で税務署が判断できる基準を提示した」

みどり会の行動の結果、竹山は農地と認定された。

「山は負の遺産」だ。

山を保有することは収入が増えるわけではなく、固定資産税だけがかかる。市川市でも、相続で山を放棄してしまう人が多く、その放棄された山は企業に買収され、開発されてしまう。

以前は、市川市がそれを防ぐために買収し緑を守っていたが、財政難に陥ってからはその方法をとることができなくなった。

山を管理するためには間伐が必要になる。間伐をしなければ山の中に太陽の光が射しこまず、下草などの下層植生がなくなり、森林の水を保つ役割が弱くなる。そして、下層植生がなくなると土砂崩れの危険性が高くなる。

緑を守るということは、人々の生活を守ることにもつながっている。

浅海は幼いころから竹山と共に過ごしていた。竹は生活にとって必需品で、ご飯を炊くときや風呂を沸かすときには薪の代わりに乾燥させた竹を使った。

水分を含んだ竹は熱すると割れて危険なので、しっかりと乾燥させないといけないらしい。石油やガスを使う暖房器具が登場するまでは、竹を使うところが多かった。

浅海が今住んでいる家のわきの竹林ではタケノコが採れる。

かつては学校の給食にも提供していたタケノコだが、東日本大震災による原発事故で放射能汚染の危険があるため、中止となった。

開発が進んで、排気ガスが多く排出される地域こそ緑が必要であり、子供たちに自然にいつでも触れられる環境を残さなければならない。だから、農家はやりやすく、続けやすくなっていないといけない。

若者の農業離れが進んでいるのは、売り上げが下がっていることもあるが、農家がやりづらくなっていることが原因だ。現場では周りの人の理解が少なく感じている。

「燃やしちゃだめだ」

それを規則・罰金だけでしばると必ずひずみがでてくる。環境問題は農家だけではなく、国民の問題だと認識することが必要だ。

国土を守るには自衛隊や警察だけでは守れない。農民の力があるからきれいな国土を守れる。都市に緑を残すこと、農業への理解を深めることが、これからの日本には大切だ。

第三章　時代とともに変わる農業

農家が選ぶキャリア

農業は食糧の生産・供給のほかに、自然環境の形成や保全を行い、地域の文化を継承するなど重要な意義のある産業であり、多くの人が関わっている。しかし、昨今では後継者不足が深刻な問題になっており、農業に関わる人が減少している。浅海が住む、千葉県市川市でも例外ではない。

かつて農家の子供は農家になった。ところが、時代は代わり、都市に仕事に行ってしまう子供が増え、農家の子供が選ぶキャリアも多様化していった。

浅海の孫二人は、農業関連の道にすすんだ。

上の孫は専門学校に進んで即戦力になり、下の孫は農業大学に進み、農業全体の流れを勉強している。浅海も彼らの親も、農業の道にすすむことを強制していないが、孫たちは今日も、作業服を着て農園にいる。

「国のために働きたい」

これが上の孫の進路を決めるうえで重要な価値観だった。もし家が農家でなかったら、自衛隊に入隊していたらしい。または事業主。サラリーマンだと、会社のために働くというイメージが強く、どうしてもいやだった。だれかから言われたのではなく、性に合わないと思ったからだ。なにかに縛られるのではなく、好きな時間に好きなことを自由にやりたかった。

「自由といっても、休みが多いことが自由だとは思っていないです。一日の流れを自分で計算できる生活がしたかっただけで。一日自由な時間を作るために、朝六時三十分から夜の六時三十分まで仕事をする。次の日も同じこと以上のことをすると、一日休んだとしても取り返すことができる。こういう生活がしたくて、農家を選びました。今は、良い梨を作ることが楽しいです」

上の孫はそう話してくれた。

そんな彼の進路は、専門学校で果樹専攻に進んだ。二年間の寮生活だった。カリキュラムでは、実際の農家の仕事と同じように、果樹を育てる。

彼は、農家で育てることと学校で育てることは感覚が全く違うと言う。学校で失敗しても、どう対処すればいいのか話し合うだけだが、農家で失敗してしまったら一年間の収入がなくなってしまう。失敗は学校に在籍している二年間のうちに経験すると決めていた。

下の孫は農業大学に進むことを選んだ。幅広く農業を勉強するためだった。「農業を学ぶのではなく、地域をどう盛り上げるのか勉強することを目的として農業大学に進路を決めました。専攻は食農科学科。食農は、種を作るところから始まり、育て、収穫し、流通してから消費者に届くところまで関係しているから。食農科学科を選ぶことで、農業に携わる一連の全ての流れを勉強できると考えました」

と彼は話した。

「兄が農家を継ぐ慣習は、地域からもあり、当たり前のことだった。弟である自分はどういう進路をいくのか考えたとき、農業はある意味地域を盛り上げる、地域の一つの財産としてあるのではないか」と考えついた。

二十代の二人には、目指している人はいない。農業は、この人を目標に決めて目指していくものではないと言う。自分たちの時代はどう農業をなりたたせていくかを真剣に考えていた。

上の孫は言う。

「祖父や父を目指そうにも、時代が違うと思います。僕と父もまた違うわけで。僕が目指すのは、人ではなく収穫量だと思っています。何反で何百万円稼ぐためにはどうすればいいのかを考える日々です。収穫量を増やすために、剪定のときに枝を多くしてみよう、資材やいろいろ物価が上がっちゃっているから値段をあげなければならないかなどと考えています」

真剣に農業を考えてくれる孫に、浅海は農家で生きていけるようにしてやりたいと思っている。農家の所得があがるようにしたい。

「後継者不足という問題も、農家の社会的地位をあげることで解消できると考えている」

そう話してくれたのは下の孫だ。

農家のイメージは、やはり百姓であり農民のイメージがある。これはどちらかというと「カッコイイ」ものではない。泥臭いという、このイメージを無くすことが大切だという。社会的地位をあげることで、人が増えてくると考えている。

第四章　控訴は棄却された

第一審の結果

第一審が行われ、地方裁判所が言い渡した判決では、罰金三十万円が二十万円に減額されただけだった。

竹と柿の木の枝を燃やすことは、廃掃法施工令14条4号及び5号にはあたらないうえに、可罰的違法性もあると判断された。

浅海は5号の、

「農業、林業又は漁業を営むためにやむを得ないものとして行われる廃棄物の焼却」

に着目したのだが、認められなかった。

判決文を見ると、判断理由は以下の四つだった。

①竹を燃やしたことに事業性が認められない
②竹を梨の支柱につかうことは、農業用資材とは認められない
③千葉県市川市には、民間焼却場である市川市クリーンセンターがある
④たき火にはあたらない

法廷では、タケノコについて長いやり取りがあった。検察官は執拗に、浅

海がタケノコを売っていることを取り上げ、事業として認めさせないように責め立てた。

　裁判中、浅海は裁判自体が自分の思いとは異なる方向に進んでいることに危機感を抱いていた。

　農業や環境についてもう一度考えてほしいという純粋な気持ちで裁判を始めたのだが、いつの間にか、どうにか無罪にさせようとする弁護士と、有罪にさせたい検事官の間で板挟みになっていた。

　事件のことしか討論が行われず、浅海が裁判に込めた思いが全く議論されなかった。

　今回、浅海が裁判を起こしたことは、無罪になることが目的ではなく、環境や農業に関する危機意識を訴えることだった。

検察官「現在の出荷量は少ないかもしれないけれども、そういったタケノコを栽培するための一環として手入れが必要なので、竹を間伐したりするのを続けているということなんですよね？」

浅海「目的が違っています。タケノコを目的として竹山を持っていません。大気を浄化することが目標で竹山を維持しています。タケノコの量なんて、金額にしたら少しにしかなりません。それよりも重要なのは、都市近郊の緑を守ることです。だから、私はみどり会にも入っていますし、理事に就いたこともあります。竹山は、緑を守る気持ちで管理しています。

ただ、燃やしちゃだめだと言われると困ってしまいます。竹山を維持するときは、間伐や草取りをします。その時に出てくるゴミはかなり多いです。それを毎回、民間のごみ処理場へ持っていくことが必要だといわれたら、誰も竹山を維持しなくなってしまいます。今、ほとんどの竹山が放置されているのは、こういうところだと思うのです。維持するために行うことが多すぎます。それではいけないと思うんです。もっと私たちのような、農業をやっていたり緑を守ろうとしているものが、やりやすいように、条件を新しくつけてもらって、こういう場合だったら燃やしてもいいというものを作ってほしいです。ドラム缶の中やキロ数などを明確にしてもらいたいです。その場でごみを処理できる方法がなければ、竹山を維持することはできません」

検察官「あなたの言いたいことはよくわかりました。大気を浄化したい、それもわかる、その目的も。それと同時にタケノコを生産するという目的もあったんじゃないんですか」

浅海「それもありました、というか、タケノコは出てくるものなんです」

検察官「あなたは実際に、当時は学校給食として出荷していなかったかもしれないけど、細々と、量は少ないながらも直売をしていて、かつ将来に向けて、将来のタケノコの生産を続けるために、間伐とかそういったことをしていたわけでしょう」

浅海「タケノコをとるためにじゃないです」

　このとき浅海は、
「タケノコのためではない」
と答えてしまっていた。

　この一言で、竹を燃やしたことは竹林を管理するためだけだととられた。タケノコを事業のために収穫していると認められないと、今回竹を燃やしたことは事業性が無いと見られてしまう。

　たけのこは、販売量にして年間二十キロ～三十キロ程度で、販売額にして年間九〇〇〇〇円程度ではあるが、事業としてプライドをもって提供している。

この発言の直前に、

「将来的には、もし再開できるのであれば、また出荷を再開したいと思っているんですよね」

との質問に対して、

「私としてはね」

と答えている。

都市近郊の緑地を保全するという、大きな公共的・公益的な目的のために、大変な負担を負いながら竹林を維持していることを強調したい、裁判官に理解してもらいたいとの思いから、浅海は、

「タケノコをとるためにじゃないです」

と答えたのにすぎない。

次に、地方裁判所からの判決文には、

「業としてナシ栽培を行っている被告人の梨畑の支柱として使われていたとしても、栽培する上で必要不可欠な農業用資材であるとは認められない」

とある。

これは、有罪と判断された理由の二つ目だが、竹を支柱に使っていることは認められなかった。間伐した竹を利用しているだけなのだが、その主張も通らなかった。

浅海は、自宅に生育している竹を年間約五十本ほど間伐する。その中から梨畑に使う竹を選別して再利用している。

一本の竹の耐用年数は、細い竹で三年、太い竹で五年だ。雨や風などで古くなったものは交換しなければならない。間伐した竹は、浅海にとっては重要な農業用資材と言える。

他の梨農家は鉄パイプで梨の木を支えるが、浅海の梨畑は、江戸時代から竹を再利用して使っている。

浅海の梨畑には、五〇〇〇本ほどの竹が支柱として利用されているのだが、それを全て、他の梨農家のように鉄パイプにしてしまったら、かなりお金がかかってしまう。

さらに、鉄パイプを使うことで、雨や風で劣化した化学物質が梨を汚してしまうおそれがある。竹を使っている経緯は裁判所に理解されなかった。

さらに、浅海は「市川クリーンセンター」へ廃棄物を持ち込むことが必要であることは知っていた。

しかし高齢のためトラック運転が困難であり、また、クリーンセンターでは長いものは2メートル以下に切り落とさなければ処理してもらえない。梨畑に使っている支柱の長さは、2メートル10センチなため、廃棄するときは全て短く切り落とさなければならなかった。

浅海は、野焼きができないことは、農業をやめろと言われていることと一緒だという。どんな事情でも野焼きは許されないという判決は、農業の可能性を狭めてしまうのではないかと懸念していた。

最後に、竹と柿の木を燃やしたことについて、判決文には、「たき火の規模ではない」という判断が下された。判決文にあるが、ユンボで掘った穴に入れ、ガスバーナーで燃やしたことは、たき火の規模とは認められないらしい。

廃棄法施行令14条5号には、たき火やキャンプファイヤー以外にも、軽微な焼却処分が認められていることが衛環78号で示されている。浅海が燃やしたものも天然資源であり、たき火やキャンプファイヤーに使われる木材の量よりも少ないため、問題にはならないと主張した。
しかし判決では、浅海が燃やしたものがたき火の範疇に含まれないと結論付けられた。

控訴趣意書

控訴する場合、刑事裁判では「控訴趣意書」と呼ばれる書類を提出する。

これは、地方裁判所の判決が誤りがあると考え、控訴審の判断を求めるときに提出するものだ。提出期限が定められているため、期限を過ぎると受理されない。

控訴趣意書には、第一審では伝えきれなかった事実や反論を記載していく。

「やむを得ない」

という言葉の曖昧さが主な争点となった。

廃棄法施行令第14条4号には、農業、林業、漁業において「やむを得ない」ものとして廃棄物の焼却が認められている。衛環78号には、稲わらや伐採した枝、魚網に付着した海産物などが「やむを得ない」具体例として挙げられている。

農業においては、必然的に廃棄物が発生する。

例えば、木の枝が出たり、虫に食われた果実は生ゴミになる。これらを処分するためにごみ処理場に運び、焼却することは、農業を妨げる大きな負担になってしまう。

浅海は、竹や柿の木を燃やしたことも「やむを得ない」に該当すると主張し、「やむを得ない」という曖昧な言葉で処罰されることが問題だと指摘している。

竹を焼却したことは事業性に該当すると主張し、控訴趣意書の中で以下の三点をポイントとして挙げた。

・竹を伐採したことは、タケノコを収穫するためでもあった。
・梨用の支柱を竹から金属パイプにすると経費がかかる。
・高齢者のためにごみ処理場へ運搬するのは困難である。

浅海はもともと、千葉県市川市内の学校給食にタケノコを出荷していたが、平成二十三年に発生した東日本大震災の影響で放射能汚染の危険性があると判断されて、出荷が停止してしまった。

市川市のたけのこを学校給食に出すことは、浅海の念願の夢だった。汚染の可能性がないと判断された場合は、再び出荷を開始したいと考えている。そのときのためには、竹の植生を適切に維持する必要がある。

竹は非常に植生が強く、放置すると密林化して生育不良になるため、下草がりなどの手入れはもちろん、適宜に繁殖しすぎた竹を間伐しなければならない。

第一審の法廷で、浅海が、

「タケノコをとるためにじゃないです」

と答えたのは、浅海の竹林維持の第一の目的が、大気の浄化のために都市近郊の緑地を守ることだからだ。それには大変な負担を負いながら竹林を維持していることを強調しただけだ。

次に浅海の農園では、竹を間伐して梨棚の支柱にとして利用しており、約五〇〇本が使用されている。

判決では、竹が梨の栽培に必要不可欠な農業用資材であるとは認められなかった。

それは、他の梨農家がプラスチックや鉄骨を使っていることが理由だった。ほかの農家は、支柱にするほどの竹はない、またはその労力がないからだ。

そこで、江戸時代から代々受け継いできた竹を使った方法が認められないということに疑問を呈し、
「今までの慣習にならった方法で農業を営んでいくのは、必要不可欠なものではないのか」
と訴えた。

三つ目、間伐した竹を全て人力で車両に載せ、ごみ処理場まで運搬する作業は、往復だけで最低二時間はかかるため、農作業の著しい妨げになっていることも指摘した。

さらに市川市では、竹は市による回収対象ではなく、必ず市川クリーンセ

ンターへ持っていかなければならない。

渋滞を考慮すると、運搬に四時間かかった場合の排気ガスの環境負荷は、野焼きよりも大きい。そのことを考慮すべきだと主張した。

そのため、

「廃棄法施行令１４条４号の除外事由に該当する」

として、竹を野焼きすることがやむを得ない場合もあることを主張した。

最後に、柿の木の枝はその場で燃やすことが必要であることも、追加している。

浅海の農園では柿も栽培しており、柿の伐採・剪定にも同様の問題が発生している。

柿の生育には、梨と同じく、伐採・剪定が必要で、太陽光を樹木に満遍なく生き届かせる必要がある。

また、柿にはカイガラムシ、アブラムシ、ダニなどの害虫も寄生しているため、伐採・剪定で退治していく。

第一審の判決では、ごみ処理場へ持参することを義務付けているが、害虫が寄生している恐れがある枝や葉は、その場で焼却しなければならない。

ごみ処理場へ持っていくために回収や運搬、処理をしている間に、周囲に拡散されてしまう可能性があると主張した。

つまり、控訴趣意書には、「やむを得ない」という言葉の中に、浅海の事例が当てはまるのではないかと訴えたのだ。

控訴は棄却された

主文「本件控訴は棄却する」

東京高等裁判所からの判決で、控訴は棄却された。

理由は、社会慣習上「やむを得ない」ものとはいえないからだと言う。

廃棄物の処理及び清掃に関する法律は、野焼きを取り締まることを目的に平成十二年に法改正されたものだ。

そのため農地や山林、海岸のような、周辺環境への支障が無い場合においいては認められるが、周辺に住宅街がある場合は認められないらしい。

Ａ４用紙九枚にわたり、控訴が棄却された理由が書かれている。

それら全て、都市農家には、いかなる理由があっても野焼きは認められないということに集約できた。


「都市近郊にこそ、緑の農地が必要だ！」


浅海がこの裁判で訴えたかったことは、農業をやりやすくしなければ、日本はダメになってしまうということだ。

浅海は言う。

「農業は今、後継者不足が叫ばれている。政府も、食料自給率を高めることを目標としている。しかし、現場ではますます農業がやりにくくなっている。ビニールやプラスチックなども燃やしてしまう悪質な野焼きを取り締まるのは理解できるが、まじめに農業を営んできて、作業上必ず発生してしまう枝や葉などを野焼きすることを禁止することは納得がいかない。

病原菌や病害虫の心配がある。農家は常に、病原菌や病害虫との戦いだ。病害虫に侵されてしまった梨の木はダメになってしまう。収穫ができなければ、売り上げはゼロだ。生活できなくなってしまう。

その可能性を無視して、ごみ処理場へ持っていくことを強制されている。

病害虫は伐採、剪定した葉や枝にも寄生しているため、その場で燃やしてしまうことが、農家にとって一番安心だ。トラックに載せてごみ処理場へ持っていくことは、病害虫をばらまくことと等しい。

野焼きは全て禁止してしまうのではなく、個別で判断をしてほしい。事情をもっとくみ取ってほしい」

これが何よりも伝えたかったメッセージだ。

もう一度、この法律を見直してもらうことはできないのだろうか。

若い人が農業の世界に足を踏み入れやすくなることを、浅海は願っていた。

さいごに

たき火をする、燃すということは、農家にとって当たり前のこと。廃棄物を燃やすことは、今まで普通に、前例に倣ってやっていること。

何を作っても廃棄物は出る、残渣は出る。農業という、食べものを生み出す営みから出るものを、それを産業廃棄物だと十把一絡げでかたづけられてしまう。

農業の重要性は、今さら言うまでもなく様々なところで提言されている。環境問題、食糧問題などが大切だということは、みんなが知っている。しかしそれを守ろうとするにはそれなりのやることがある。

農家は今までずっとやってきたことだ。

たとえば水田にしても、稲刈りの終わった田んぼを、冬の間に火をつけて焼くのは年中行事だ。病害虫を翌年にもち越さないために燃す。農業にとって病原菌を減らすことが第一の考え。そういう習慣にのっとってやっていることを、

「廃棄物だ」
「大気汚染につながる」
「燃やしてはいけない」
「有害物質が出る」

等々、そういうふうに解釈される。
また、住民も、ちょっと燃やせば「条例違反だ」と言う。

警察にしても、条例違反だと言われれば取り締まらなくてはならない。だから通報されれば見に来る。

都市農家にとって、近郊農家にとって、何が大事なのか。農地が大切なのか、大気汚染する物質とそれを浄化する農地。

農業の大切さは誰でも言う。

その農地を、本来もっとも必要なところにおく。特に都市近郊ほど、環境からみれば緑は必要だ。しかしそれを、緑を、農地を、守ろうとすると、反対に住民からは苦情が多く出る。

木があれば、葉っぱが落ちることは当たり前なのに、葉っぱが落ちれば邪魔だ、ゴミだ、と言われる。

本来なら葉っぱが落ちるのは結構なこと、みどりが多いということで結構なことのはずなのに、「影になる」。

焚火をすれば「洗濯物は煙でにおいが付く」と言う。煙でにおいが付くと言うが、いぶしているわけではないし、何時間も燃しているわけではない。洗濯物が出ないような天候を見て仕事をしている。

しかし煙が出れば、一概に「条例違反だ」となる。

警察も、住民に言われれば行かないわけにはいかない。

警察官本人が、

「交通違反と同じだ。捕まるのは運が悪い」

と言う。

警察官も点数稼ぎだ。

「たまたま捕まるのが運が悪い」

で片づけられては、農業者にとってたまらない。

運が悪いから捕まった。そうではなくてある程度明確にしてほしい。

同じ農業でも、稲わらなら燃していい、キャンプ場ならたき火していい、神社では燃していい。こうなっているのだから、杓子定規にくらず、もっと融通をきかせてほしい。

多くの土地で「野焼き」がある。

秋吉台などは火をつけている。

渡良瀬川でも火を燃している。

つい最近までは、堤防に火をつけるのは当たり前だった。それが、今は決まりがある。

燃すことそのものを全部だめだというのではなく、これならいいという条件があるはずだ。

とにかく、環境を守ろうとすることについて、そのやり方に批判はされる。

農業をやりにくくする。だから農業の跡目を継ぐ人たちが、ほかの職業に就く。

農業の将来が見えてこない。所得も少ない。他の産業に比べると生活が成り立たないから農業をやめるのもある。

まわりの住民の農業に対する理解がなさすぎる。農業は必要だと言いながら、農業に対する理解がない。

樹木なんてものは、五十年、百年単位で見なくてはならない。

梨・果樹ものもそうだ。果樹園で実りのものを製品にするには十年もかかる。

永年性だから、なにごとも長いスパンを考えて、将来のことを考えての解釈でないと成り立たない。

一時的な、単に火を燃したからダメ、というものじゃない。たとえば火を燃すことについても、それに対しての、こういう場合はいいだろうということを決めてもらいたい。

一概に燃してはダメだ、では農業は成り立たない。たとえば、農地ではいい。近隣に迷惑をかけないで畑で燃す分にはいい。そういう考えにしてもらわないとやっていけない。

煙が上がっていれば、あれはダメだ、どこで燃しているんだと難癖をつける。それも、地方へ行けば全然問題にならないことを、市川だから、都市の近郊だからダメだと、そう言われる。

一方では、緑は必要だ、農地が必要だ、みどりが大事だと言う。環境問題が話題になる。

三十年位まえ、屋上緑化ということがさかんに言われていた。

当時、一〇〇〇平米の屋上庭園をつくるのに、五千万円、六千万円かかるという。そして年間でも何百万の維持費がかかる。

それだけかかるのなら、なぜ、平地にある農地というものに、もっと目を向けないのか。

農業の邪魔をするのではなく、それを助成するという考えにできないか。

日本の国土を守るのは警察や自衛隊だけではない。段々畑や棚田の景観を含め、農民が何百年何千年と環境を作ってきている。

地方から農民がどんどん減っていく。農地が荒れる、国土が荒れる。がけ崩れだってそう。ちゃんと手入れしていればもっと強い。

樹木なんて、風で倒れることはめったにない。折れても倒れることはない。それが、手入れされていないから軟弱になる。だからすぐがけ崩れが生じる。

環境のことを考えれば食糧もそうだ。

食糧は外国から買ってくればいいと言う。たしかに買わざるをえないのかもしれないけれど、せめて五十％の食料を確保するのが国の義務ではないのか。今の状態でやっていけば、食糧難は確実に来る。買いたくても買えない時代が来るかもしれない。そういうことを考え併せれば、農業のやりやすさを考えてほしい。

ほんの二十キロや三十キロのものを燃したからといって、やれ条例違反だ、清掃違反だと些末なことにかまわないでほしい。

今回の場合、清掃違反と廃棄物処理違反と解釈されてしまう。

農業をやっていれば廃棄物は必ず出る。それを処理するのに清掃所へ運べというのは無理だ。できっこない。だから農業離れがどんどん進んで行ってしまう。

所得の少ないせいもあるけれど、農業を守ろうという気持ちが失せていってしまう。基本的なもの、二十年三十年先を見て農業を考えてほしい。

一次産業は二年や三年で結論の出るものではない。

少なくとも、国土を守ろうということは何百年とかかる。

国土を守るには目先で解釈されては困る。

農村の人口が減っていくのは、所得が減っているのもあるけれど、周りの人の理解がないせいもある。

農業の一部であるはずのものが、廃棄物でかたづけられてしまう。

ここで伐採した竹や剪定枝二十四キロを燃やして、それが廃棄物だと解釈される。そのものがおかしい、解釈そのものが。

若い人が何パーセント農業に残るんだ。なるべく次の世代につながるような施策をしてもらわないと。

燃しちゃだめだ。それだけをとって罰金を科す。処罰する。最高は一千万の罰金だよと脅しをかけられる。だんだんと燃やす人はいなくなるし、罰金を払った人もいる。

罰則でしばろうとしたって、どこかにひずみが出てくる。

できれば、環境問題は農家だけではなくみんなの問題だと認識してほしい。

それを理解してほしい。そういう施策をしてもらわないと農業は成り立たない。貿易収支どうのこうのという前に、環境という基本的なことを見失っているのではないか。

国土は自衛隊や警察だけでは守れない。農民の力があるからきれいな国土を守れる。

あとがき

一連の騒動を、私は浅海にインタビューをしながら追い続けてきた。

そこには、未来に緑を残していきたいという純粋な願いを届ける場所がない現実と、法律と現場の不具合があった。

農家が声をあげる場所はどこにもなかった。多額の裁判費用を払って訴えるしかない。しかし、浅海のような人がいなければ、全て罰金を払うだけで流れていってしまう。

浅海の想いは届かなかったのかもしれないが、アクションを起こし続けることが何よりも大切だと私は感じた。
だれかが声をあげないといけないんだと、浅海から教えてもらった。

たき火と法律
農家の焚火が起こした騒動

二〇二四年六月三十日　初版第一刷発行

著　者　浅海文雄
　　　　山田高広

発行者　谷村勇輔
発行所　ブイツーソリューション
〒四六六・〇八四八
名古屋市昭和区長戸町四・四〇
電　話　〇五二・七九九・七三九一
ＦＡＸ　〇五二・七九九・七九八四
発売元　星雲社（共同出版社・流通責任出版社）
〒一一二・〇〇〇五
東京都文京区水道一・三・三〇
電　話　〇三・三八六八・三二七五
ＦＡＸ　〇三・三八六八・六五八八
印刷所　藤原印刷

ISBN978-4-434-33954-7